DEUTSCHE AKADEMIE DER WISSENSCHAFTEN ZU BERLIN

Veröffentlichungen der Sternwarte Babelsberg

Band XIV, Heft 5

*KLAÜS FRITZE*

# UNTERSUCHUNGEN ZUR LICHTELEKTRISCHEN PHOTOMETRIE ENGER DOPPELSTERNE

AKADEMIE-VERLAG · BERLIN

1963

Erschienen im Akademie-Verlag GmbH, Berlin W 8, Leipziger Straße 3—4

Lizenznummer: 202 · 100/451/63
Gesamtherstellung: VEB Druckerei „Thomas Müntzer“ Bad Langensalza
Bestellnummer: 2077/12 · ES 18 D 3 · Preis: DM 6,30

# Inhaltsverzeichnis

Abstract. The errors of magnitude difference $\Delta m$ to be expected by photoelectric photometry of binary stars by a slit, resp. by an edge-bounded diaphragm moving in the focal-plane were estimated as a function of distance d and magnitude difference $\Delta m$ of the components. The calculations showed the superiority of recording by edge for narrow pairs ($d < 4''$), while recording by slit is to prefer for wider pairs. The edge-method favourable for narrow pairs was proved by recording $\varepsilon_1$ Lyr ($d = 2''.85$).

Резюме. Оцениваются ошибки фотоэлектрической фотометрии при определении разности звёздных величин двойных звёзд, ожидаемые при регистрации пары при помощи движущихся в фокальной плоскости щели или лезвия. Оценка производится в зависимости от расстоянии пары $d$ и разницы звёздных величин $\Delta m$. Подсчёты показали превосходство регистрации лезвием для пар с $d < 4''$, тогда как для более широких пар следует пользоваться регистрацией щелью. Метод лезвия, более благоприятный для узких пар, испытался при помощи $\varepsilon_1$ Lyr ($d = 2''.85$).

## I. Einleitung

Die Einführung der SEV in die lichtelektrische Photometrie brachte eine erhebliche Steigerung der Meßgenauigkeit gegenüber den Methoden der visuellen bzw. photographischen Photometrie. Leider zeigte die Erfahrung, daß eine Ausdehnung dieser Methode auf engere Doppelsterne bisher nicht erfolgreich war, so daß es eine vordringliche Aufgabe der beobachtenden Astrophysik bleibt, lichtelektrische Helligkeiten der Komponenten enger Doppelsterne zu bestimmen.

Ziel dieser Arbeit war es zu untersuchen, ob und inwieweit durch Hinüberbewegen eines Spaltes bzw. einer Schneide über das Bild eines Doppelsternes ein Vordringen zu engeren Paaren, als bisher lichtelektrisch zu messen waren, möglich ist.

Die bis zum Jahre 1954 vorliegenden photometrischen Beobachtungen von Doppelsternen wurden von A. Wallenquist [1] in einem Kompilationskatalog zusammengefaßt. Er umfaßt in der Mehrzahl visuelle Messungen, einige photographische, während lichtelektrische Bestimmungen lediglich von Johnson und Wallenquist für wenige Paare durchgeführt wurden. In neuerer Zeit kamen nur wenige, in dem Katalog noch nicht erfaßte Beobachtungen hinzu.

## II. Registriermethoden und Fehlerabschätzung

Die Intensitätsverteilung des Bildes eines Fixsternes in der Brennebene des Objektives folgt im wesentlichen einer Besselfunktion, die durch Richtungsszintillation verzerrt wird. Die Amplituden dieser Schwankungen folgen als Zufallsgrößen einer Gaußverteilung, deren Dispersion $\sigma$ um mindestens einen Faktor 10 größer ist als die Halbwertsbreite der Besselfunktion. Für die Fehlerabschätzung wird daher für die Intensitätsverteilung stets eine Gaußfunktion angenommen, während jedoch im einzelnen gezeigt werden kann, daß zur Auswertung der Registrierung und Bestimmung der $\Delta m$ die Voraussetzung einer Gaußfunktion nicht notwendig ist.

## A. Registrierung mit Spalt

Bei der lichtelektrischen Photometrie fordert man im allgemeinen, daß der Radius der Meßblende des Photometers $\geq 3\sigma$ sein soll, wenn man annimmt, daß das Beugungsbild des Sternes durch die Richtungsszintillation nach einer Gaußverteilung der Dispersion $\sigma$ verschmiert wird. Bei richtiger Einstellung werden dann 99.7 % der Gesamtintensität des Sternes die Blende passieren. Bei nicht zu großem Helligkeitsunterschied $\Delta m$ wird man so noch Doppelsterne in einer Entfernung $d = 6\sigma$ wie Einzelsterne messen können, ohne daß die Strahlung der benachbarten Komponente stört. Nimmt man eine mittlere Dispersion $\sigma = 2''$ an, so liegt diese Grenze bei ungefähr 12". Benutzt man jetzt statt der bei der Photometrie von Einzelsternen üblichen kreisförmigen Blende einen engeren Spalt, so kann man diese Grenze noch weiter nach unten verschieben, bis $d = 3\sigma$ für einen unendlich schmalen Spalt. Für alle Doppelsternpaare kleinerer Distanz wird sich die gegenseitige Überlagerung der Intensitätsverteilungen der einzelnen Komponenten verfälschend auswirken. Eine solche Verkleinerung der Meßblende zu einem schmalen Spalt ($< 3\sigma$) wird jedoch zu verschiedenen Fehlern Anlaß geben, die im folgenden beschrieben und abgeschätzt werden sollen:

1. Die Einstellung des Sternes in die Mitte der Meßblende wird mit Verkleinerung der Blende bzw. des Spaltes relativ ungenauer und führt zu Fehlern in der gemessenen Intensität.
2. Die registrierte Intensität nimmt ab, und damit vergrößert sich das Verhältnis Rausch- zu Signalstrom.
3. Das durch die Richtungsszintillation verursachte Rauschen ist von der Spaltbreite abhängig.
4. Die Auswirkung der Überlagerung der Intensitätsverteilungen der beiden Komponenten muß in Abhängigkeit von der Spaltbreite bestimmt werden.

1) Einstellung in eine Meßblende

Benutzt man bei der Registrierung an Stelle der feststehenden Meßblende einen über das Sternpaar hinwegbewegten Spalt, so läßt sich die erste Fehlerquelle eliminieren. Wird über einen Doppelstern mit der Intensitätsverteilung

$$\varphi(x) = A \cdot \frac{1}{\sigma\sqrt{2\pi}} e^{-x^2/2\sigma^2} + B \cdot \frac{1}{\sigma\sqrt{2\pi}} e^{-(x-d)^2/2\sigma^2}$$ mit einem

Spalt der Breite s registriert, so wird man ohne Berücksichtigung der Verzerrung durch die Empfangsapparatur die Intensität

$$(1) \quad I(x) = \frac{A}{\sigma\sqrt{2\pi}} \int_{x-s/2}^{x+s/2} e^{-x^2/2\sigma^2}\, dx + \frac{B}{\sigma\sqrt{2\pi}} \int_{x-s/2}^{x+s/2} e^{-(x-d)^2/2\sigma^2}\, dx$$

erhalten. Diese nimmt bei hinreichend großer Distanz d des Sternpaares, so daß sich beide Komponenten nicht beeinflussen, zwei Maxima an, deren Amplituden sich wie die Helligkeiten der Komponenten verhalten.

$$(2) \quad \frac{I^A_{max}}{I^B_{max}} = \frac{A}{B} .$$

Diese Maxima können aus der Registrierung mit bewegtem Spalt entnommen werden, und es entfällt die genaue Einstellung der Sterne in die Mitte des Spaltes.

2) Photonenrauschen

Der mittlere relative Fehler einer lichtelektrischen Registrierung ist als Verhältnis von mittlerem Rausch- zu Signalstrom definiert:

$$(3) \quad \pm\mu = \frac{N}{S}$$

Im Normalfall lichtelektrischer Messungen und Registrierung mit Verstärker und Schreiber müssen das Helligkeitsszintillationsrauschen und das Schrotrauschen des SEV berücksichtigt werden, während das thermische Rauschen des Kopplungswiderstandes und das Schrotrauschen des Gitterstromes der ersten Verstärkerröhre vernachlässigt werden können. Man erhält so nach K. Güssow [2]

$$\mu = \pm \frac{1}{\sqrt{2\tau_o}} \sqrt{\alpha + e\left(\frac{D+J}{J^2}\right)} \tag{4}$$

($\tau_o$ = Zeitkonstante der Registriereinrichtung,

$\alpha$ = Szintillationskonstante,

e = elektr. Elementarladung,

J = Photostrom,

D = Dunkelstrom).

Setzt man für $\alpha$ einen Erfahrungswert von $10^{-3}$ $Hz^{-1}$ ein und rechnet mit einem mittleren Dunkelstrom von $10^{-16}$ Amp, so erhält man bei einer Empfindlichkeit des SEV von 40 µA/lm als Grenzgröße der lichtelektrischen Registrierung bei einer Objektivöffnung von 30 cm und einer Zeitkonstanten $\tau_o$ = 10 sec ungefähr $12\overset{m}{.}5$, wenn man eine Genauigkeitsforderung von $\mu$ = 1 % stellt. Mittelt man bei der Registrierung von Einzelsternen über die gesamte Registrierzeit, so ist die Meßgenauigkeit nicht von der Zeitkonstanten $\tau_o$, sondern von der gesamten nutzbaren Registrierdauer (Gesamtdauer minus Einschwingzeit des Schreibers oder Galvanometers) abhängig, die dann also in Gl.(4) einzusetzen ist. Anders jedoch bei der Registrierung mit bewegter Meßblende, wo nach dem Einschwingen eine sich stetig ändernde Intensität gemessen wird und wir in Gl.(4) mit der Zeitkonstanten $\tau_o$ der Registriereinrichtung einzugehen haben. In Tab. 1 ist $\mu$ mit den oben genannten Werten in Abhängigkeit von der Helligkeit m des Sternes und der Spaltbreite s

Tabelle 1

Mittlerer Rauschfehler $\mu$ in Einheiten von $\frac{1}{\sqrt{2\tau_0}}$

(m = Helligkeit; s = Spaltbreite)

| m \ s | $6\sigma$ | $2\sigma$ | $\sigma$ | $0.5\sigma$ | $0.2\sigma$ |
|---|---|---|---|---|---|
| $7^m$ | 0.0316 | 0.0316 | 0.0316 | 0.0318 | 0.0324 |
| 8 | 316 | 316 | 318 | 324 | 336 |
| 9 | 316 | 320 | 330 | 339 | 371 |
| 10 | 330 | 335 | 350 | 400 | 900 |

für ein Instrument von 30 cm Öffnung in Einheiten von $\frac{1}{\sqrt{2\tau_0}}$ gerechnet worden. Wie man sofort sieht, führt eine Verringerung der Spaltbreite erst bei schwachen Sternen zu einer merkbaren Vergrößerung des Rauschens.

3) Richtungsszintillationsrauschen

Die Richtungsszintillation bewirkt eine ungeordnete Bewegung des Beugungsbildchens des Sternes um eine mittlere Lage und verursacht daher eine unregelmäßige Änderung der den Spalt passierenden Intensität, die sich auf der Registrierung als ein zusätzliches Rauschen bemerkbar machen wird. Bezeichnet man die Amplitude dieser Bewegung mit $\alpha(t)$, so werden diese $\alpha(t)$ entsprechend ihrem Zufallscharakter einer Gaußverteilung folgen, deren Dispersion $\sigma_\nu$ ein Maß für die Stärke der Richtungsszintillation sein wird, die erfahrungsgemäß frequenzabhängig ist.

Es sei eine bestimmte Zeitkonstante $\tau_0$ des Empfängers vorgegeben. Dann wird für Frequenzen $\nu$, die groß gegen $\frac{1}{\tau_0}$ sind, die Empfangsapparatur den einzelnen Bewegungen des Sternbildchens nicht mehr folgen können, sondern "sieht" den Stern nach einer Gaußverteilung mit einer über alle in Frage kommenden Frequenzen $(\nu \gg \frac{1}{\tau_0})$ integrierten Dispersion $\sigma$ über eine gewisse Fläche verschmiert, im Gegensatz zu den kleinen Frequenzen, bei denen der Empfänger den durch die Bewegung verursachten Intensitätsänderungen folgen kann, die sich als Rauschen der Registrierung überlagern.

Wir berechnen nun die Größe der Intensitätsschwankungen durch die Richtungsszintillation. Die mit einem Spalt der Breite s registrierte Intensität eines Doppelsternes folgt der Gl. (1). Die Orte der Intensitätsmaxima der beiden Komponenten liegen bei den Abszissenwerten $x = 0$ und $x = d$. Durch die Szintillation der Frequenz $\nu$ schwankt der Stern jedoch im Mittel um $\sigma_\nu$ um seine mittlere Lage, d.h. die den Spalt passierende Intensität wird an den Stellen der Maxima im Mittel zwischen den Werten $I(0+\sigma_\nu)$ und $I(0-\sigma_\nu)$ bzw. $I(d+\sigma_\nu)$ und $I(d-\sigma_\nu)$ variieren. Es ist hierbei zu beachten, daß die Richtungsszintillation der beiden Komponenten nicht unabhängig voneinander ist, sondern bei den hier betrachteten kleinen Distanzen beide Komponenten gekoppelt szintillieren. Die Amplitude dieser Intensitätsschwankungen in % von I(0) bzw. I(d) wurde für $\bar{\sigma}_\nu = 0.2\sigma$ als Funktion von $\Delta$ m und d für die Spaltbreiten $s = 0.2\sigma$ und $s = \sigma$ berechnet und in Tab. 2 dargestellt. Für die mittlere Dispersion nehmen wir, wie schon auf

Tabelle 2

Intensitätsschwankungen durch Richtungsszintillation bei der Registrierung mit Spalt in % der Maximalintensität

| | d / m | schwache Komp. | | | | helle Komp. | | | |
|---|---|---|---|---|---|---|---|---|---|
| | | $\sigma$ | $2\sigma$ | $3\sigma$ | $4\sigma$ | $\sigma$ | $2\sigma$ | $3\sigma$ | $4\sigma$ |
| $s = 0.2\sigma$ : | $0^m$ | 7.4 | 5.5 | 2.1 | 2.1 | 7.4 | 5.5 | 2.1 | 2.1 |
| | 0.2 | 8.3 | 6.5 | 2.1 | 2.1 | 6.8 | 4.8 | 2.1 | 2.1 |
| | 0.5 | 9.5 | 8.1 | 2.1 | 2.1 | 5.6 | 3.7 | 2.2 | 2.1 |
| | 1.0 | 11.6 | 11.2 | 2.2 | 2.2 | 3.9 | 2.5 | 2.2 | 2.1 |
| | 1.5 | 13.5 | 15.7 | 3.4 | 2.2 | 2.7 | 2.2 | 2.1 | 2.1 |
| | 2.5 | 16.0 | 24.0 | 7.7 | 2.2 | 2.1 | 2.1 | 2.1 | 2.1 |
| $s = \sigma$ : | 0 | 14.3 | 10.3 | 2.6 | 2.0 | 14.3 | 10.3 | 2.6 | 2.0 |
| | 0.2 | 16.0 | 11.9 | 2.7 | 2.0 | 12.7 | 8.7 | 2.4 | 2.0 |
| | 0.5 | 18.5 | 12.2 | 2.9 | 2.0 | 10.5 | 6.9 | 2.3 | 2.0 |
| | 1.0 | 22.6 | 20.8 | 4.5 | 2.0 | 7.4 | 4.4 | 2.2 | 1.9 |
| | 1.5 | 26.5 | 28.4 | 6.9 | 2.1 | 5.0 | 3.1 | 2.1 | 1.9 |
| | 2.5 | 31.5 | 44.1 | 15.7 | 2.1 | 2.9 | 2.4 | 2.0 | 1.9 |

Seite 8 bemerkt wurde, den Erfahrungswert $\sigma = 2''$ an. Er setzt sich aus der Richtungsszintillation, dem Verblasen und Platzen der Bilder und verschiedenen Streuanteilen zusammen. Mit diesem $\sigma$ stimmt die für die Richtungsszintillation angenommene Dispersion $\bar{\sigma}_\nu = 0.2\sigma = 0''.4$ gut mit den in Tübingen [3] ermittelten Werten der über alle zugänglichen Frequenzen integrierten Dispersion $\sigma_\nu$ überein.

4) Überlagerung der Intensitätsverteilungen

Wie schon weiter oben bemerkt, läßt sich bei Doppelsternen nur bis zu einer gewissen unteren Grenze der Distanz die gegenseitige Überlagerung der Intensitätsverteilungen der einzelnen Komponenten vernachlässigen. Darüber hinaus wird sie sich verfälschend auf das Intensitätsverhältnis auswirken, was im folgenden in Abhängigkeit vom Helligkeitsunterschied $\Delta m$ und der Distanz d der Komponenten untersucht wird.

Bei einer Distanz d trägt die Komponente B den Anteil

$$(5) \qquad \frac{1}{\sigma\sqrt{2\pi}} B \int_{-s/2}^{s/2} e^{-(x-d)^2/2\sigma^2}\, dx = \frac{B}{\sigma\sqrt{2\pi}} \int_{-d-s/2}^{-d+s/2} e^{-x^2/2\sigma^2}\, dx$$

zum Maximum von A und die Komponente A den Anteil

$$(6) \qquad \frac{A}{\sigma\sqrt{2\pi}} \int_{d-s/2}^{d+s/2} e^{-x^2/2\sigma^2}\, dx$$

zum Maximum von B bei. Beide Maxima sind also verfälscht. Das aus diesen Maxima bestimmte Intensitätsverhältnis

$$(7) \qquad \frac{A'}{B'} = \frac{\frac{A}{\sigma\sqrt{2\pi}} \int_{-s/2}^{s/2} e^{-x^2/2\sigma^2}\, dx + \frac{B}{\sigma\sqrt{2\pi}} \int_{-d-s/2}^{-d+s/2} e^{-x^2/2\sigma^2}\, dx}{\frac{B}{\sigma\sqrt{2\pi}} \int_{-s/2}^{s/2} e^{-x^2/2\sigma^2}\, dx + \frac{A}{\sigma\sqrt{2\pi}} \int_{d-s/2}^{d+s/2} e^{-x^2/2\sigma^2}\, dx}$$

ist in Abb. 1 als Funktion des unverfälschten Intensitätsver-

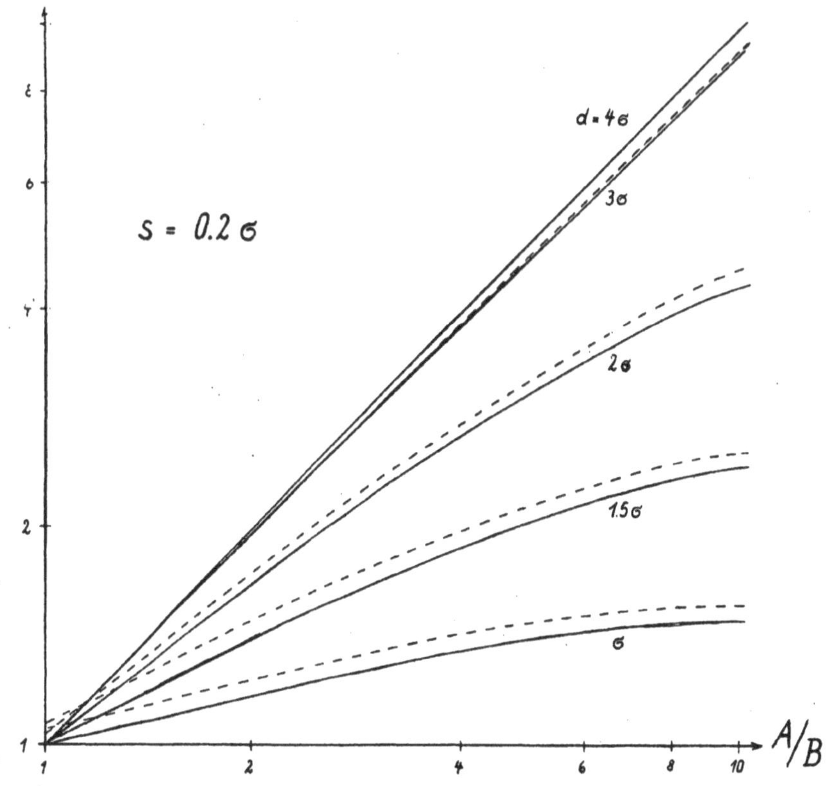


Abb. 1 a)

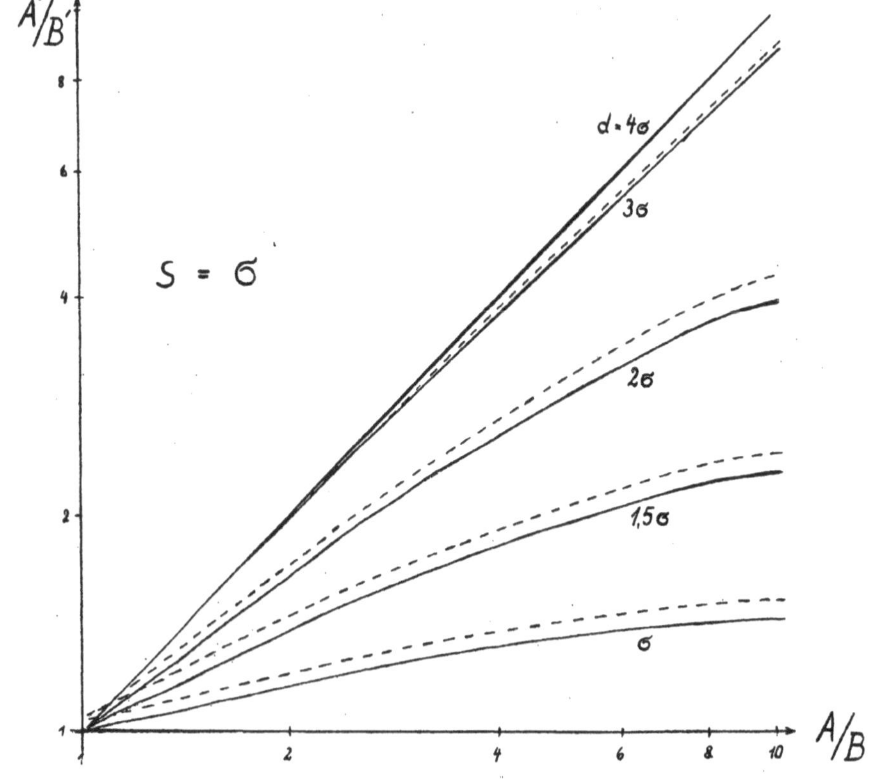


Abb. 1 b)

hältnisses A/B und der Distanz d als Parameter für zwei verschiedene Spaltbreiten dargestellt. Daraus ergibt sich folgender Weg für die Auswertung: Man entnehme die Maxima A' und B' aus den Registrierungen, gehe mit ihrem Quotienten in die Kurve für die entsprechende Distanz in Abb. 1 ein und entnehme das zugehörige unverfälschte A/B bzw. $\Delta$ m.

Leider stößt diese sehr bequeme Form der Auswertung auf Schwierigkeiten, da die Überlagerung der Verteilungen nicht nur eine Änderung der Amplitude der Maxima, sondern auch eine Verschiebung derselben zur Folge hat, die für sehr enge Paare überhaupt keine Trennung der Maxima mehr zuläßt. Diese Verschiebung ist sowohl von d als auch von $\Delta$ m abhängig. $\Delta$ m soll jedoch erst aus den Messungen bestimmt werden, so daß die Lage der unverschobenen Maxima nicht bestimmt werden kann.

Besser scheint der Weg und sicher auch technisch lösbar, einen der Sterne vor Beginn der Registrierung auf einen Faden zu pointieren, dessen Abstand vom Spalt in der Ruhelage genau bekannt ist. Bewegt sich nun der Spalt über das Sternpaar hinweg, so können aus der bekannten Geschwindigkeit der Registrierung und der bekannten Entfernung Faden - Spalt die Zeitpunkte bestimmt werden, zu denen die Maxima der Verteilungen der einzelnen Komponenten den Spalt passieren und an diesen Stellen der Registrierung gemessen werden. Mit diesen Werten für A' und B' folgt dann aus Abb. 1 das richtige Intensitätsverhältnis A/B.

Sehr wesentlich wird jetzt die genaue Einstellung eines Sterns auf den Faden sein. Eine fehlerhafte Einstellung bedeutet, daß an eben um diesen Fehler vom richtigen Maximum entfernten Stellen der Registrierung gemessen wird. Um ein Bild von der Größe des hieraus resultierenden Fehlers zu erhalten, wurde eine Einstellungenauigkeit von $\pm$ 0.''1 angenommen; dem entspricht bei einer mittleren Streuung $\sigma$ = 2.''0 eine Ungenauigkeit von $\pm$ 0.05 $\sigma$. Die sich so ergebenden verfälschten (A'/B') sind in Abb. 1 als gestrichelte Linien dargestellt. Der daraus resultierende Fehler der Helligkeitsdifferenz kann direkt aus der Abbildung entnommen werden und ist in Tab. 3 als Funktion von $\Delta$ m und d für zwei verschiedene Spaltbreiten dargestellt.

Tabelle 3

Fehler f($\Delta$ m)

durch falsche Einstellung des Sternes

| d / $\Delta$ m | 3 $\sigma$ | | 2 $\sigma$ | | 1.5 $\sigma$ | | $\sigma$ | |
|---|---|---|---|---|---|---|---|---|
| | s = $\sigma$ | s=0.2 $\sigma$ | | | | | | |
| $\sigma$ | $0\overset{m}{.}00$ | 0.00 | 0.04 | 0.04 | 0.09 | 0.13 | 0.16 | 0.20 |
| 0.2 | 0.00 | 0.00 | 0.04 | 0.04 | 0.09 | 0.13 | 0.15 | 0.20 |
| 0.5 | 0.00 | 0.00 | 0.05 | 0.04 | 0.10 | 0.13 | 0.15 | 0.20 |
| 1.0 | 0.01 | 0.00 | 0.06 | 0.05 | 0.12 | 0.14 | 0.17 | 0.20 |
| 1.5 | 0.02 | 0.01 | 0.10 | 0.07 | 0.15 | 0.14 | 0.27 | 0.30 |
| 2.5 | 0.03 | 0.02 | 0.24 | 0.16 | 0.34 | 0.28 | 0.5 | 0.6 |

Eine Möglichkeit, diese Fehlerquelle zu umgehen, besteht bei Sternen großer Helligkeitsdifferenz. Für jedes $\Delta$ m gibt es eine obere Grenze der Distanz, von der ab die Beeinflussung des Maximums der helleren Komponente durch die schwächere so gering wird, daß keine Verschiebung des helleren Maximums mehr erfolgt. Diese Grenzen wurden berechnet und sind in Tab. 4 angegeben. In diesen günstigen Fällen kann das stärkere Maximum direkt aus der Registrierung entnommen werden und um die Distanz d der beiden Komponenten entfernt von diesem das zweite schwächere Maximum gemessen werden.

Tabelle 4

Obere Grenzen der Distanz d, bis zu denen Verschiebung des Hauptmaximums erfolgt

| $\Delta$ m | d | $\Delta$ m | d | $\Delta$ m | d |
|---|---|---|---|---|---|
| $0\overset{m}{.}0$ | 3.0 $\sigma$ | $1\overset{m}{.}0$ | 2.5 $\sigma$ | $2\overset{m}{.}5$ | 1.1 $\sigma$ |
| 0.2 | 2.8 | 1.5 | 2.3 | 3.0 | 0.4 |
| 0.5 | 2.7 | 2.0 | 2.0 | 4.0 | 0.0 |

Um nun aus einer Registrierung $\Delta$ m bestimmen zu können, muß $\sigma$ für diesen Zeitraum bekannt sein. Die Bestimmung von $\sigma$ aus einer Einzelsternregistrierung wird im Abschnitt II, B. "Registrierung mit Schneide" erläutert. Ein Fehler in $\sigma$ würde sich auf die Helligkeitsdifferenz $\Delta$ m auswirken, kann jedoch umgangen werden, wenn zur Berechnung von A'/B' nicht $\sigma$ bestimmt und damit in Gl.(7) eingegangen wird, sondern durch Registrierung eines Einzelsternes dessen Intensitätsverlauf ermittelt wird. Diese empirische Verteilung ist auf die Intensität A bzw. B zu transformieren, und entsprechend der Entwicklung von Gl.(7) sind die für die verschiedenen A und B durch Überlagerung verfälschten Maxima und damit A'/B' zu berechnen. Man kann somit auf die Berechnung von $\sigma$ verzichten und kommt außerdem von der Annahme einer Gaußverteilung frei, da die registrierte Intensitätsverteilung des Einzelsternes einer beliebigen Funktion folgen darf.

Bei der Abschätzung des theoretisch zu erwartenden Gesamtfehlers $\mathfrak{E}(\Delta m)$ können wir den von der ungenau bekannten Dispersion herrührenden Anteil also weglassen und erhalten somit folgende Komponenten:

1. Photonenrauschen, einschl. Helligkeitsszintillation
2. Richtungsszintillationsrauschen
3. Fehler durch ungenaue Pointierung.

5) Gesamtfehler

Das Photonenrauschen ist von der Zeitkonstanten der Empfangsapparatur abhängig. Wir berechnen deshalb die Fehler für die beiden Zeitkonstanten $\tau_0 = 1$ sec und $\tau_0 = 10$ sec aus Tab. 1 für eine Grenzhelligkeit $m = 10^m$. Es ist $\mu_{A'/B'} = \mu_A \sqrt{2} = \mu_B \sqrt{2}$. Da man bei der Auswertung mit A'/B' in Abb. 1 eingeht und für die entsprechende Distanz das unverfälschte A/B und damit $\Delta m$ entnimmt, kann man ebenfalls aus dieser Darstellung die zu den Fehlergrenzen $\pm \mu_{A'/B'}$ gehörenden Fehlergrenzen $\mu_{A/B}$ bzw. direkt den Fehler $\pm \mathfrak{E}^{Pho}_{\Delta m}$, der durch Photonenrauschen verursacht wird, entnehmen.

Obwohl die Abschätzung der Richtungsszintillation mit einem Maximalwert für $\bar{\sigma}_\nu$ durchgeführt wurde, solche Amplituden jedoch nur bei sehr kleinen Frequenzen auftreten, die bei unseren Zeitkonstanten nicht mehr gedämpft werden, entspricht sie nicht ganz der Wirklichkeit. Da auch größere Frequenzen einen merkbaren Anteil an der Richtungsszintillation haben, wird in der

## Tabelle 5

$\mathfrak{E}^{Pho}_{\Delta m}$ . Durch Photonenrauschen verursachter Fehler in $\Delta m$

| d / $\Delta m$ | s = 0.2 σ | | | | | s = σ | | | | |
|---|---|---|---|---|---|---|---|---|---|---|
| | σ | 1.5σ | 2σ | 3σ | 4σ | σ | 1.5σ | 2σ | 3σ | 4σ |
| $\tau_o$ = 1 sec | | | | | | | | | | |
| 0 | $0^m.38$ | 0.18 | 0.11 | 0.09 | 0.09 | 0.14 | 0.07 | 0.05 | 0.04 | 0.035 |
| 0.2 | .40 | .19 | .12 | .09 | .09 | .16 | .07 | .05 | .04 | .035 |
| 0.5 | .42 | .20 | .13 | .09 | .09 | .18 | .08 | .05 | .04 | .035 |
| 1.0 | .5 | .21 | .14 | .10 | .09 | .22 | .09 | .06 | .04 | .035 |
| 1.5 | .6 | .25 | .16 | .10 | .09 | .28 | .11 | .07 | .04 | .035 |
| 2.5 | 1.1 | .6 | .23 | .11 | .09 | .44 | .20 | .10 | .04 | .035 |
| $\tau_o$ = 10 sec | | | | | | | | | | |
| 0 | $0^m.12$ | 0.06 | 0.03 | 0.03 | 0.03 | 0.04 | 0.02 | 0.015 | 0.01 | 0.01 |
| 0.2 | .12 | .06 | .04 | .03 | .03 | .05 | .02 | .015 | .01 | .01 |
| 0.5 | .13 | .06 | .04 | .03 | .03 | .06 | .025 | .015 | .01 | .01 |
| 1.0 | .16 | .07 | .04 | .03 | .03 | .07 | .03 | .02 | .01 | .01 |
| 1.5 | .20 | .08 | .05 | .03 | .03 | .09 | .035 | .02 | .01 | .01 |
| 2.5 | .38 | .21 | .08 | .03 | .03 | .14 | .06 | .03 | .01 | .01 |

## Tabelle 6

$\mathfrak{E}^{RZ}_{\Delta m}$ Durch Richtungsszintillation verursachter Fehler in $\Delta m$

| d / $\Delta m$ | s = 0.2 σ | | | | s = σ | | | |
|---|---|---|---|---|---|---|---|---|
| | σ | 2σ | 3σ | 4σ | σ | 2σ | 3σ | 4σ |
| 0 | $0^m.114$ | 0.084 | 0.032 | 0.032 | 0.220 | 0.158 | 0.040 | 0.031 |
| 0.2 | .116 | .088 | .032 | .032 | .222 | .160 | .039 | .031 |
| 0.5 | .120 | .097 | .033 | .032 | .231 | .152 | .040 | .031 |
| 1.0 | .133 | .125 | .034 | .033 | .258 | .231 | .054 | .030 |
| 1.5 | .150 | .172 | .043 | .033 | .293 | .310 | .078 | .031 |
| 2.5 | .175 | .262 | .087 | .033 | .338 | .478 | .172 | .031 |

Praxis eine Glättung der durch sie verursachten Intensitätsschwankungen beim Übergang zu größeren Zeitkonstanten erfolgen. Das Ziel dieser Abschätzung soll jedoch nicht die Berechnung eines Absolutfehlers sein, sondern sie soll eine Basis zum Vergleich zwischen Registrierung mit Spalt und mit Schneide schaffen. Wenn wir an die Fehlerabschätzung der Schneide mit denselben Voraussetzungen herangehen, wird diese Vernachlässigung sicher nicht allzu sehr ins Gewicht fallen. In erster Linie beeinflußt sie ja die Wahl der günstigsten Zeitkonstanten, die sowieso noch an anderer Stelle diskutiert werden wird.

Aus Tab. 2 können wir nun die für die beiden Komponenten verschiedenen Rauschfehler $\rho_A$ und $\rho_B$ entnehmen. Wegen $\Delta m = -2.5 \lg A/B$ gilt dann

(8) $$d(\Delta m) = -2.5 \lg e \left[\frac{dA}{A} - \frac{dB}{B}\right]$$

und damit

(9) $$\mathfrak{E}^{RZ}_{\Delta m} = \pm 1.086 \sqrt{\rho_A^2 + \rho_B^2} \, .$$

In den Tabellen 5 und 6 sind $\mathfrak{E}^{Pho}_{\Delta m}$ und $\mathfrak{E}^{RZ}_{\Delta m}$ zusammengefaßt und der sich aus Gl. (10)

(10) $$\mathfrak{E}^{Ges}_{\Delta m} = \sqrt{\mathfrak{E}^{Pho\,2}_{\Delta m} + \mathfrak{E}^{RZ\,2}_{\Delta m} + \mathfrak{E}^{Einst\,2}_{\Delta m}}$$

ergebende Gesamtfehler bei der Registrierung mit Spalt ist in Abb. 2 für die beiden Spaltbreiten $s = 0.2\,\sigma$ und $s = \sigma$, sowie die beiden Zeitkonstanten $\tau_o = 1$ sec und $\tau_o = 10$ sec dargestellt.

6) Die Wahl der günstigsten Spaltbreite

Die erhaltenen Fehlerabschätzungen wollen wir zuerst zur Bestimmung der günstigsten Spaltbreite heranziehen. Um den Anteil der benachbarten Komponente an der gemessenen Intensität möglichst niedrig zu halten bzw. bei etwas weiteren Paaren völlig auszuschalten, empfiehlt es sich, wie schon am Anfang des Abschnitts bemerkt wurde, den Spalt so eng wie irgend möglich

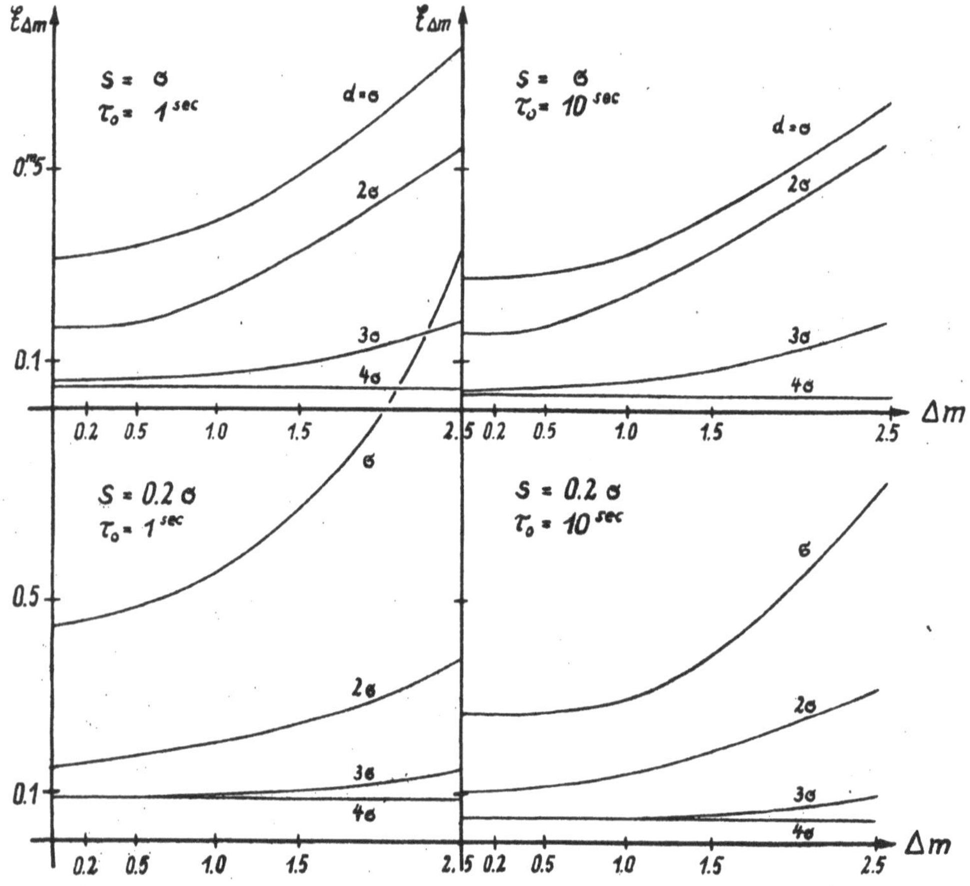


Abb. 2
Gesamtfehler

zu wählen. Da die durch ungenaue Einstellung des Sternes und Richtungsszintillation verursachten Fehler nur sehr schwach von der Spaltbreite abhängen und mit kleiner werdender Spaltbreite noch abnehmen, wird die untere Grenze für die Spaltbreite in erster Linie durch das Photonenrauschen festgelegt. Befindet man sich in der Nähe der Grenzgröße, so nimmt bei zu engem Spalt der relative Fehler stark zu. Bei der von uns angenommenen Grenzhelligkeit $m = 10^m$ verursacht eine Spaltbreite von 0.2 σ schon eine merkbare Zunahme des Photonenrauschens. Die Wahl der Spaltbreite sollte also so getroffen werden, daß bei den schwächsten zum Programm gehörenden Sternen der Rauschfehler noch in den mit m wenig veränderlichen Bereich fällt (Tab. 1). Im angenommenen Fall dürfte eine Spaltbreite von 0.5 σ gerade noch den Anforderungen genügen.

B. Registrierung mit Schneide

Im Gegensatz zum Spalt ist hier der Durchmesser der einseitig durch eine Schneide begrenzten Blende hinreichend groß, um einen Einzel- oder Doppelstern ohne Abschattung voll zu erfassen. Überstreicht die Schneide das Bild eines Sternes, so erhält man als Registrierung den durch Gl. (11)

$$I(x) = \frac{1}{\sigma\sqrt{2\pi}} \int_{-\infty}^{x} e^{-x^2/2\sigma^2}\, dx \qquad \text{(11)}$$ [1]

gegebenen Intensitätsverlauf. Damit ist die Möglichkeit gegeben, auf einfache Weise die Dispersion σ der Verteilungsfunktion der Intensität zu bestimmen. Abb. 3 a) zeigt die Intensitätsverteilung φ(x) in einer beliebigen Richtung senkrecht zur optischen Achse, während Abb. 3 b) die Registrierung darstellt, die man erhält, wenn man die Schneide in der angegebenen Richtung darüber hinwegbewegt, d.h. das Integral über dx der in 3 a) dargestellten Gaußfunktion. Nun ist bekanntlich der wahrscheinliche Fehler ρ als Abstand der beiden Ordinaten vom

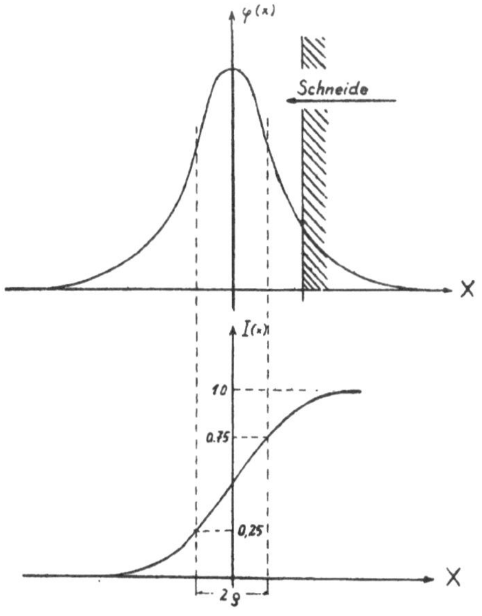

Abb. 3

---

[1] Legt man den Koordinatenursprung in das Intensitätsmaximum, so vereinfacht sich das Doppelintegral der Gesamtintensität in Richtung einer beliebigen senkrecht zur optischen Achse stehenden Koordinatenachse (als x-Achse bezeichnet)

$$I(x) = \frac{1}{\sigma^2 \cdot 2\pi} \int_{-\infty}^{x} \int_{-\infty}^{\infty} e^{-(x^2+y^2)/2\sigma^2}\, dx\, dy$$

wegen der Separation der Veränderlichen und der Normierung der Gaußfunktion auf das Einzelintegral Gl. (11).

Mittel definiert, die die Hälfte der gesamten von der Kurve $\varphi(x)$ begrenzten Fläche einschließen. Nehmen wir eine symmetrische Verteilung an, so läßt sich aus 3 b) sehr einfach $2\rho$ als das zwischen den Ordinaten 0.25 und 0.75 liegende Abszisseninter- vall ablesen. Durch die Beziehung

$$\rho \approx \frac{2}{3}\sigma$$

erhält man aus $\rho$ unmittelbar die gesuchte Streuung $\sigma$. Die Auswertung von Beobachtungen muß zeigen, inwieweit die auf diese Weise ermittelte Gaußfunktion mit einer einfach durch Probieren der beobachteten Verteilung am besten angepaßten Gaußfunktion übereinstimmt.

Es sei die Registrierung eines Einzelsterns (Abb. 3 b) und eine entsprechende Registrierung eines Doppelsterns gegeben. Die Intensität des Einzelsterns sei auf die Summe der Intensitäten der Doppelsternkomponenten normiert. Werden die beiden Registrierungen so aufeinander geschoben, daß die x-Achsen zusammenfallen und sich der Einzelstern exakt an der Stelle einer Komponente befindet, so ist die von den beiden Registrierungen eingeschlossene Fläche F gleich dem Integral über x der Differenzen der registrierten Funktionen I(x) (Abb. 4)

$$F = \int_{-\infty}^{\infty} \Delta I(x)\, dx \tag{12}$$

Setzen wir jetzt für die Intensitätsverteilung $\varphi(x)$ eines Einzelsternes eine beliebige zweimal integrierbare Funktion f(x) mit der Zusatzbedingung

$$\int_{-\infty}^{\infty} f(x)\, dx = 1 \tag{13}$$

an, so gilt

$$F = \int_{-\infty}^{\infty} \left[ A \int_{x}^{\infty} f(x-d)dx + B \int_{x}^{\infty} f(x)dx - (A+B) \int_{x}^{\infty} f(x)dx \right] dx$$

(14)
$$= \int_{-\infty}^{\infty} \left[ A \int_{x-d}^{\infty-d} f(x)dx - A \int_{x}^{\infty} f(x)dx \right] dx = \int_{-\infty}^{\infty} A \int_{x-d}^{x} f(x)\, dx\, dx$$

$$= A \int_{x-d}^{x} \int_{-\infty}^{\infty} f(x)\, dx\, dx = A \int_{x-d}^{x} dx = A \cdot d$$

Die eingeschlossene Fläche F ist also gleich dem Produkt aus der Intensität der Komponente A und der Distanz d des Doppelsternes, so daß sich folgender Weg für die Auswertung empfiehlt:
Für ein hinreichend großes Intervall $\Delta$ x sind die Differenzen $\Delta$ I(x) zwischen Doppel- und Einzelsternregistrierung zu bilden, mit dem Abszissenintervall zu multiplizieren und zu summieren.

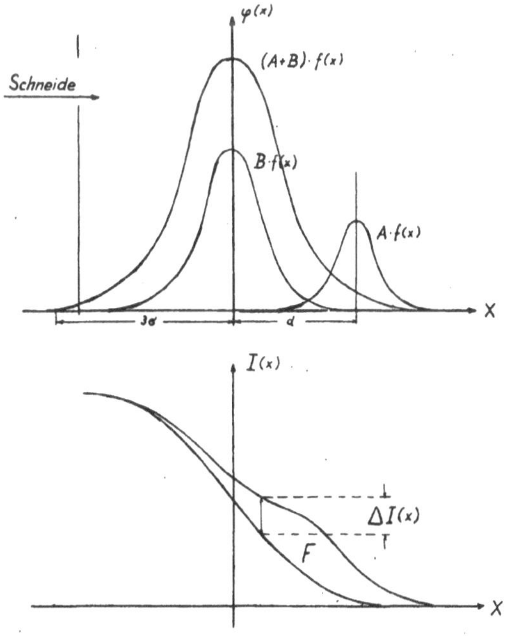

Abb. 4

(15)
$$\lim_{\Delta x \to 0} \sum_{-3\sigma}^{3\sigma+d} \Delta I \cdot \Delta x = \int_{-3\sigma}^{3\sigma+d} \Delta I\, dx = A \cdot d = F$$

Aus F erhält man dann nach Division durch die bekannte Entfernung d die Intensität der Komponente A und aus der bekannten Gesamtintensität (A + B) die der Komponente B, so daß die Helligkeitsdifferenz $\Delta$ m berechnet werden kann.

Die speziell bei dieser Form der Auswertung auftretenden Fehler werden nun untersucht und ihre Größe in Abhängigkeit von der Distanz d und der Helligkeitsdifferenz der beiden Komponenten abgeschätzt.

Wie bei den Abschätzungen der Registrierung mit Spalt setzen wir auch hier voraus, daß die Distanz d hinreichend genau aus Mikrometermessungen bekannt ist. Eventuelle Fehler wirken sich ähnlich wie eine falsche Anpassung der beiden Registrierungen aus und brauchen daher nicht gesondert behandelt zu werden.
Es bleibt somit der Einfluß folgender Fehler zu untersuchen:

1) Fehlerhafte Anpassung von Doppelstern- und Einzelsternregistrierung

2) Photonenrauschen

3) Richtungsszintillationsrauschen.

1) Anpassungsfehler

Wir nehmen zur Vereinfachung der Abschätzungen für die Intensitätsverteilungen δ-Funktionen an, die ja die oben gestellten Bedingungen der zweimaligen Integrierbarkeit und der Normierung erfüllen.
Die daraus zu gewinnenden I(x) stellen Rechteckprofile dar. Bei der Auswertung müssen die Registrierungen des Doppelsternes und des Einzelsternes so aufeinander geschoben werden, daß der Einzelstern sich genau an der Stelle der Komponente B befindet. Es ist daher notwendig, bei Beginn jeder Registrierung den Einzelstern, wie auch eine Komponente des Doppelsternes, genau auf eine feste und reproduzierbare Stelle in der Meßblende einstellen zu können. Wie man aus Abb.5 sieht,

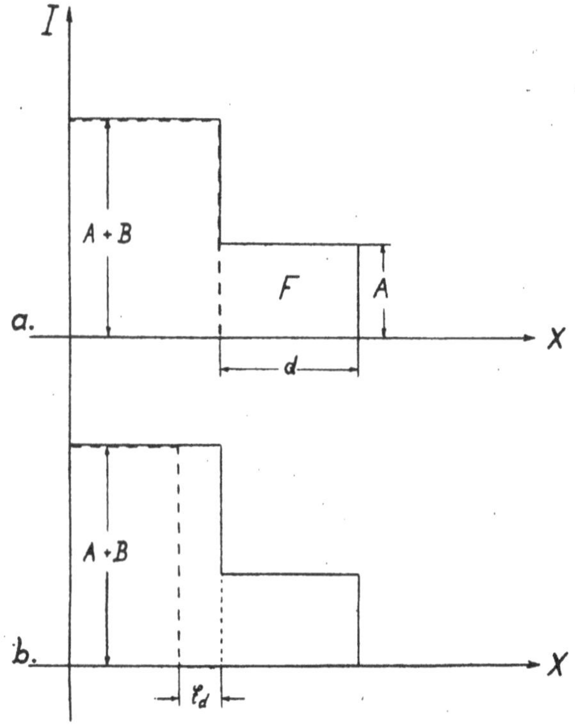


Abb. 5

a) Registrierung bei richtiger Anpassung

b) Einzelstern um $\varepsilon_d$ verschoben

resultiert aus einer Verschiebung $\mathfrak{E}_d$ des Einzelsternes gegenüber dem Doppelstern für die Fläche F ein Fehler

(16) $$\mathfrak{E}_F = (A+B) \cdot \mathfrak{E}_d .$$

2) Richtungsszintillationsrauschen

Die Voraussetzungen sind auch hier die gleichen wie bei der Registrierung mit Spalt. Der Empfänger nimmt den Stern nach einer Gaußverteilung der über alle höheren Frequenzen integrierten Dispersion $\sigma$ über eine gewisse Fläche verschmiert wahr. Befindet sich die Schneide an einer beliebigen Stelle x, so beträgt die registrierte Intensität I(x). Durch die Richtungsszintillation ändert der Stern jedoch um im Mittel $\pm\,\sigma_\nu$ seinen Ort in Bezug auf die Schneide, so daß die den Empfänger erreichende Intensität zwischen $I(x+\sigma_\nu)$ und $I(x-\sigma_\nu)$ schwankt. Für die Frequenzen, bei denen der Empfänger den Intensitätsschwankungen folgen kann, ergeben sich zwei wesentliche Folgerungen:

1. Die Registrierkurve wird stärker abgeflacht, d.h. $\sigma$ wird vergrößert.
2. Die Intensitätsschwankungen überlagern sich der Registrierung als Rauschen.

Die mittlere Schwankung [1] beträgt

(17) $$E(x) = \frac{1}{2}\left[I(x+\sigma_\nu) - I(x-\sigma_\nu)\right]$$

Für einen auf (A + B) normierten Einzelstern gilt nun

(18) $$E(x) = \frac{1}{2}\,\frac{A+B}{\sigma\sqrt{2\pi}}\left[\int_{x+\sigma_\nu}^{\infty} e^{-x^2/2\sigma^2}dx - \int_{x-\sigma_\nu}^{\infty} e^{-x^2/2\sigma^2}dx\right]$$

$$= \frac{A+B}{2\sigma\sqrt{2\pi}} \int_{x+\sigma_\nu}^{x-\sigma_\nu} e^{-x^2/2\sigma^2}\,dx .$$

---

[1] Die Bezeichnung "mittlere" Schwankung bezieht sich auf $\sigma$.

Wollen wir hieraus das Mittel über x für E(x) berechnen, so müssen wir das für die Berechnung von F hinreichende und notwendige Intervall $\Delta$ x kennen. Aus Abb. 4 folgt hierfür $(-3\sigma\,,\ 3\sigma + d)$. An diesen Intervallgrenzen beträgt die die Blende passierende Intensität 99.7 bzw. 0.3 % der Gesamtintensität, was einer Genauigkeitsforderung von mindestens 1 % für F genügt. Damit erhält man

$$(19) \qquad \overline{E(x)} = \frac{1}{6\sigma + d} \cdot \frac{A + B}{2\sigma\sqrt{2\pi}} \int_{-3\sigma}^{3\sigma + d} \int_{x+\sigma_\nu}^{x-\sigma_\nu} e^{-x^2/2\sigma^2}\, dx\, dx \,.$$

Die beiden Integrale können vertauscht werden, und da die Integrationsgrenzen hinreichend groß gewählt wurden, gilt

$$(20) \qquad \frac{1}{\sigma\sqrt{2\pi}} \int_{-3\sigma}^{3\sigma + d} e^{-x^2/2\sigma^2} = 1$$

und wir erhalten als Mittel der mittleren Schwankung eines Einzelsterns

$$(21) \qquad \overline{E(x)} = \frac{A + B}{2(6\sigma + d)} \int_{x+\sigma_\nu}^{x-\sigma_\nu} dx = \frac{\sigma_\nu}{6\sigma + d} (A + B) \,.$$

Für ein Doppelsternpaar gilt analog

$$(22) \qquad E(x) = \frac{1}{2} \cdot \frac{1}{\sigma\sqrt{2\pi}} \int_{x+\sigma_\nu}^{x-\sigma_\nu} \left(A e^{-(x-d)^2/2\sigma^2} + B e^{-x^2/2\sigma^2}\right) dx \,.$$

Das für die Bestimmung des Mittels notwendige Intervall ist wiederum $(-3\sigma\,,\ 3\sigma + d)$ und damit wird

$$\overline{E(x)} = \frac{1}{6\sigma+d} \cdot \frac{1}{2\sigma\sqrt{2\pi}} \int_{-3\sigma}^{3\sigma+d} \int_{x+\sigma_\nu}^{x-\sigma_\nu} \left(A\, e^{-(x-d)^2/2\sigma^2} + B\, e^{-x^2/2\sigma^2}\right) dx\, dx$$

(23)

$$\overline{E(x)} = \frac{1}{2(6\sigma + d)} \left[ A \int_{x+\sigma_\nu-d}^{x-\sigma_\nu-d} dx + B \int_{x+\sigma_\nu}^{x-\sigma_\nu} dx \right] = \frac{\sigma_\nu}{6\sigma + d} (A + B)$$

und wir erhalten für den Mittelwert der mittleren Schwankung sowohl für den Doppelstern der Distanz d als auch für den zugehörigen Einzelstern den gleichen Wert. $\overline{E(x)}$ ist definiert als mittlerer Fehler von I (x)

(24) $$\mathfrak{E}_{I(x)} = \overline{E(x)} = \frac{\sigma_\nu}{6\sigma + d} (A + B) .$$

Der mittlere Fehler einer Einzelmessung von I (x) ist somit

(25) $$\mathfrak{E}_{\Delta I(x)} = \mathfrak{E}_{I(x)} \sqrt{2} = \frac{\sigma_\nu}{6\sigma + d} \sqrt{2} \quad (A + B) .$$

Nun gibt es aber bei einer Registriergeschwindigkeit v und einer Zeitkonstanten $\tau$ für das Intervall $(-3\sigma\ ,\ 3\sigma + d)$ $n = \frac{6 + d}{v \cdot \tau}$ unabhängige Meßpunkte, so daß der mittlere Fehler des Mittels von $\Delta$ I (x)

(26) $$\mathfrak{E}_{\overline{\Delta I(x)}} = \frac{\sigma_\nu}{6\sigma + d} \sqrt{\frac{2}{n}} \quad (A + B)$$

wird. Wegen Gl. (15) gilt

(27) $$F = \int_{-3\sigma}^{3\sigma + d} \Delta I(x)\, dx = \overline{\Delta I(x)} \int_{-3\sigma}^{3\sigma + d} dx = \overline{\Delta I(x)}\ (6\sigma + d) ,$$

und wir erhalten für den von der Richtungsszintillation herrührenden Anteil des Fehlers von F

(28) $$\mathfrak{E}_F = \sigma_\nu \sqrt{\frac{2}{n}}\ (A + B) .$$

3) Photonenrauschen

Grundlage für die Berechnung des Photonenrauschens ist wiederum Gl. (4), die den relativen Fehler für jede vorgegebene Intensität zu bestimmen gestattet. Im normalen Beobachtungsbereich eines Instrumentes ist der relative Fehler durch Photonenrauschen nahezu konstant und nimmt erst in der Nähe der Grenzgröße merklich zu. Im Gegensatz zur Registrierung mit Spalt, wo nur an den Stellen der Maxima gemessen wird, interessiert jetzt der Verlauf über die gesamte Registrierung. Da hier die Intensität vom vollen Betrag beider Komponenten bis zur Höhe des Himmelshintergrundes abfällt, ändert sich auch der relative Fehler im Laufe einer Registrierung. Nun tritt jedoch bei dem von uns gesetzten Limit von $10^m$ für die Beobachtungen erst bei Abnahme der Intensität auf ein Drittel eine merkbare Zunahme von $\mu$ auf. Wenn wir also durchweg für den absoluten Rauschfehler

$$\mathfrak{E}_I = (A+B)\,\mu_{(A+B)} \tag{29}$$

setzen, so wird für ein Drittel des Registrierbereichs $\mu$ zu kleih ausfallen, dagegen über den ganzen Bereich eine Überschätzung stattfinden, weil außer zu Beginn der Registrierung $I(x)$ stets kleiner als $(A+B)$ ist. Gl. (29) wird also sicher eine pessimale Abschätzung darstellen. Für die Differenz $\Delta I$ erhält man als mittleren Fehler

$$\mathfrak{E}_{\Delta I} = (A+B)\,\mu_{(A+B)}\sqrt{2} \tag{30}$$

und entsprechend den Überlegungen des vorigen Abschnitts

$$\mathfrak{E}_F = \mathfrak{E}_{\overline{\Delta I}} \cdot (6\sigma + d) = (A+B)\,\mu_{(A+B)}\sqrt{\frac{2}{n}}\,(6\sigma + d) \tag{31}$$

als Fehler der Fläche F durch Photonenrauschen.

4) Gesamtfehler

Damit haben wir die drei Komponenten des Fehlers von F bestimmt und können sie zum Gesamtfehler zusammenfassen.

Als Quadratsumme der Gleichungen (16), (28) und (31) ergibt sich

$$(32) \qquad \mathfrak{E}_F^2 = (A+B)^2 \left[\mathfrak{E}_d^2 + \sigma_\nu^2 \cdot \frac{2}{n} + \mu_{A+B}^2 \frac{2(6\sigma+d)^2}{n}\right]$$

und

$$(33) \quad \mu_F^2 = \frac{\mathfrak{E}_F^2}{F^2} = \frac{\mathfrak{E}_F^2}{A^2 \cdot d^2} = \left(\frac{A+B}{A}\right)^2 \left[\frac{\mathfrak{E}_d^2}{d^2} + \frac{2\sigma_\nu^2}{nd^2} + \mu_{(A+B)}^2 \frac{2(6\sigma+d)^2}{nd^2}\right]$$

Die ersten beiden Summanden fassen wir zu

$$(34) \qquad \mu_d^2 = \frac{1}{d^2}\left(\mathfrak{E}_d^2 + \frac{2\sigma_\nu^2}{n}\right)$$

zusammen und erhalten

$$(35) \qquad \mu_F^2 = \left(\frac{A+B}{A}\right)^2 \left[\mu_d^2 + \mu_{A+B}^2 \frac{2(6\sigma+d)^2}{nd^2}\right]$$

Wir haben jetzt alle zur Bestimmung von $\mathfrak{E}_{\Delta m}$ notwendigen Größen beisammen. Wegen $F = A \cdot d$ und $B = (A+B) - A$ gilt

$$(36) \quad \Delta m = -2.5[\lg A - \lg B] = -2.5[\lg F - \lg d - \lg\{(A+B) - F/d\}].$$

Das vollständige Differential von $\Delta m$ lautet

$$(37) \qquad d(\Delta m) = -2.5 \lg e \left\{\frac{dF}{F} - \frac{dd}{d} - \frac{d[(A+B) - F/d]}{B}\right\}$$

Quadrieren liefert

$$(38) \quad d(\Delta m)^2 = 1.086^2\left\{\left(\frac{dF}{F}\right)^2 + \left(\frac{dd}{d}\right)^2 + \left(\frac{d(A+B)}{B}\right)^2 + \frac{A^2}{B^2}\left[\left(\frac{dF}{F}\right)^2 + \left(\frac{dd}{d}\right)^2\right]\right\}$$

Die gemischten Glieder wurden hier schon weggelassen, weil sie beim Übergang von den Differentialen zu den Fehlern wegen der zufälligen Verteilung der Vorzeichen der Fehler wegfallen. Einsetzen von Gl. (35) und Zusammenfassen ergibt nun

$$\mathfrak{E}^2_{\Delta m} = 1.086^2\Bigg\{\Bigg[\left(\frac{A+B}{A}\right)^2 + \left(\frac{A+B}{B}\right)^2 + \frac{A^2}{B^2} + 1\Bigg]\mu_d^2 + \tag{39}$$

$$+ \Bigg[2\left(\frac{A+B}{A}\right)^2 + 3\left(\frac{A+B}{B}\right)^2\Bigg]\mu^2_{A+B}\,\frac{2(6\sigma+d)^2}{n\,d^2}\Bigg\}$$

und nach Normierung von A + B auf 1 erhält man als Gesamtfehler der Helligkeitsdifferenz bei der Registrierung mit Schneide

$$\mathfrak{E}_{\Delta m} = \pm\, 1.086 \sqrt{\left(\frac{1}{A^2} + \frac{1}{B^2} + \frac{A^2}{B^2} + 1\right)\mu_d^2 + \left(\frac{2}{A^2}\ \ \frac{3}{B^2}\right)\mu^2_{A+B}\,\frac{2(6\sigma+d)^2}{nd^2}} \tag{40}$$

Entsprechend den Abschätzungen beim Spalt wurden für den Einstellfehler $\mathfrak{E}_d = \pm\, 0.05\sigma$ und für die mittlere Dispersion der Richtungsszintillation $\sigma_\nu = \pm\, 0.2\sigma$ eingesetzt. Mit der Bedingung $\tau_o \cdot v = \frac{\sigma\sqrt{2}}{10}$ (siehe Abschnitt III) konnte n und somit $\mu_d^2$ bestimmt werden. Der Fehler durch Photonenrauschen $\mu(A+B)$ wurde für die Zeitkonstanten $\tau_o = 1$ sec und $\tau_o = 10$ sec nach Gl. (4) für ein Instrument von 30 cm Öffnung und der Grenzgröße $10^m$ berechnet.

Die mit diesen Werten mittels Gl. (40) gerechneten $\mathfrak{E}_{\Delta m}$ sind als Funktion der Helligkeitsdifferenz $\Delta m = m_B - m_A$ der Komponenten mit dem Parameter d für $\tau = 1$ und $\tau = 10$ sec in Abb. 6 dargestellt.

Als erstes Ergebnis dieser Abschätzung kann man aus Abb. 6 eine leicht asymmetrische Lage der Fehlerkurven entnehmen, d.h. für negative $\Delta m$ ist $\mathfrak{E}_{\Delta m}$ stets kleiner als für gleich große positive $\Delta m$. Es empfiehlt sich daher, die Registrierungen von der Seite der helleren Komponente her vorzunehmen, da die Ableitungen in dem Sinne durchgeführt wurden, daß die Komponente B vor A von der Schneide bedeckt wird.

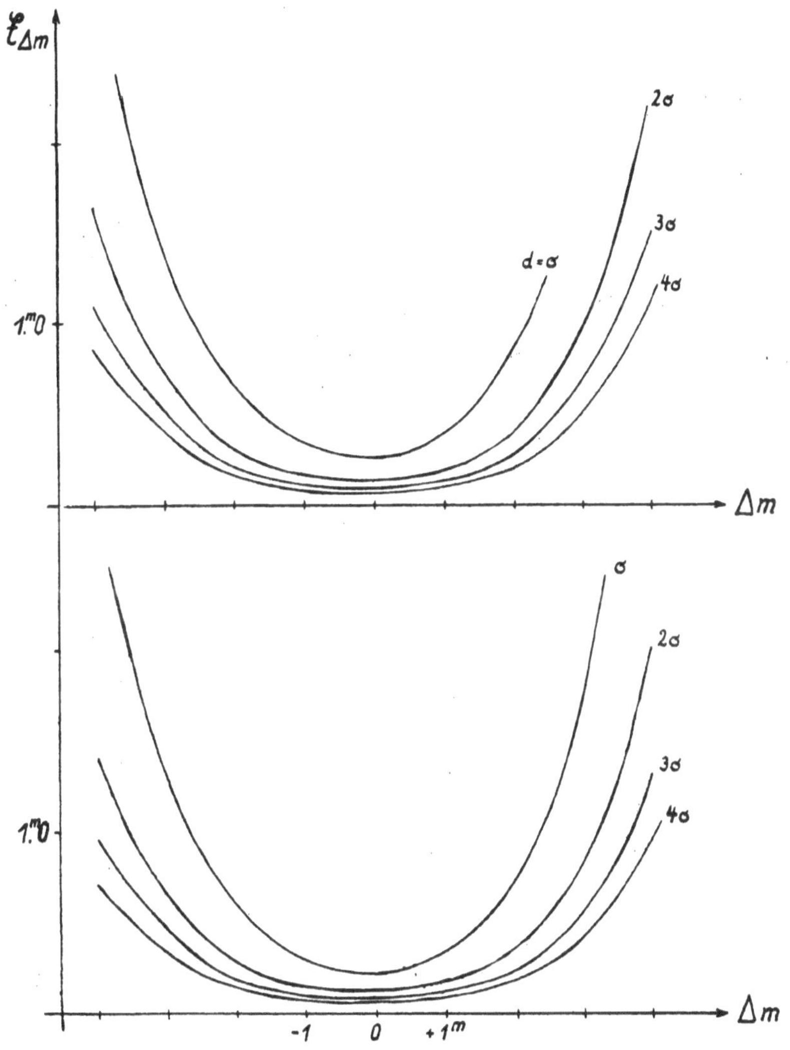


Abb. 6
Gesamtfehler bei Registrierung
mit Schneide

C. Vergleich der Abschätzungen von Schneide und Spalt

1) Distanz d > 6σ (so groß, daß keine Überlagerung der Intensitätsverteilungen der Komponenten mehr erfolgt).

Sowohl bei der Registrierung mit Spalt als auch mit Schneide fallen die durch ungenaue Einstellung einer Komponente entstehenden Fehler weg. A und B , bzw. (A + B) und A oder B , können unverfälscht direkt der Registrierung entnommen werden.

Sie entspricht dann der Registrierung zweier Einzelsterne. Als Fehlerquellen kommen Photonenrauschen und Szintillationsrauschen in Betracht. Die relativen Fehler sind für beide Komponenten bzw. für die Summe beider Komponenten und für eine Komponente gleich, falls kein wesentlicher Beitrag durch das Photonenrauschen wegen zu geringer Intensität geliefert wird.

Es gilt dann a) beim Spalt

$$\mathfrak{E}_{\Delta m} = \pm 2.5 \lg e \sqrt{\mu_A^2 + \mu_B^2} = \pm 1.086 \sqrt{2} \cdot \mu_A \tag{41}$$

b) bei der Schneide

$$\mathfrak{E}_{\Delta m} = \pm 1.086 \sqrt{1 + \left(\frac{A+B}{B}\right)^2 + \frac{A^2}{B^2}} \quad \mu_A \tag{42}$$

Ein Vergleich von Gl. (41) und (42) zeigt, daß nur für $A \longrightarrow 0$ der Fehler für beide Arten der Registrierung gleich ist. Für alle anderen Intensitätsverhältnisse $A/B$ ist stets der Fehler bei der Schneide größer und geht für $B \longrightarrow 0$, also $A/B \longrightarrow \infty$, gegen unendlich, wogegen der Fehler beim Spalt für alle Intensitätsverhältnisse konstant ist. Es ist also günstiger, mit der Schneide zuerst die hellere Komponente zu bedecken, wie auch schon weiter vorn bemerkt wurde.

2) Bereich $3\sigma < d < 6\sigma$

In diesem Intervall bringt die Registrierung mit Spalt ebenfalls Gewinn, da man hier noch bei hinreichend schmalem Spalt die Maxima frei von Beeinflussung durch die Nachbarkomponente erhält, entsprechend den Messungen von Einzelsternen. Demgegenüber macht sich bei der Schneide schon die Überlagerung der Verteilungen bemerkbar und die Auswertung hat nach dem im Abschnitt B (Registrierung mit Schneide) angegebenen Verfahren zu erfolgen.

3) Enge Paare

Für den noch verbleibenden Bereich kleinerer Distanz, in dem jetzt sowohl bei Spalt als auch bei Schneide die Fehler

Tabelle 7

| d / Δ m | | σ | 2 σ | 3 σ | 4 σ |
|---|---|---|---|---|---|
| $0-1^m$ | Spalt | $0^m.31-0^m.38$ | 0.17-0.24 | 0.06-0.07 | 0.045-0.045 |
| | Schneide | 0.26-0.34 | 0.13-0.16 | 0.09-0.11 | 0.06 -0.08 |
| $1-2^m.5$ | Spalt | 0.38-0.75 | 0.24-0.54 | 0.07-0.18 | 0.045-0.045 |
| | Schneide | 0.34-0.94 | 0.16-0.47 | 0.11-0.26 | 0.08 -0.22 |
| $2^m.5$ | Spalt | 0.75 | 0.54 | 0.18 | 0.045-0.045 |
| | Schneide | 0.94 | 0.47 | 0.26 | 0.22 |

noch von der Helligkeitsdifferenz Δ m abhängen, ist das Ergebnis der Abschätzungen, um eine bessere Übersicht zu erhalten, in Tab. 7 dargestellt. Für die betreffenden Intervalle ist jeweils für Schneide und Spalt der Fehlerbereich angegeben.

Zusammenfassend kann man also feststellen, daß die Registrierung von sehr engen Doppelsternen mit Distanzen kleiner als 2σ bis zu einer Helligkeitsdifferenz von 2.5 Größenklassen besser mit einer Schneide durchgeführt wird, während bei größeren Distanzen und Helligkeitsdifferenzen die Spaltregistrierung überlegen ist.

Sehr wesentlich wird jedoch sein, daß die Auswertung der Registrierungen mit Schneide verhältnismäßig einfach ist und nur einen Bruchteil des Aufwandes erfordert, der durch die Berücksichtigung der Überlagerung der Verteilungen der beiden Komponenten bei der Spaltregistrierung verursacht wird.

## III. Die Wahl der günstigsten Registriergeschwindigkeit

Will man lichtelektrisch mit einem Spalt oder einer Schneide die Intensitätsverteilung eines Einzel- oder Doppelsternes registrieren, so treten Verhältnisse auf, die denen bei der lichtelektrischen Registrierung von Spektrogrammen sehr ähnlich sind.

Während der SEV nahezu trägheitslos der wahren Intensitätsverteilung folgt, bewirkt die Einstellzeit der Empfangsapparatur eine Verzerrung, die von der Zeitkonstanten und der Registriergeschwindigkeit abhängt. Für die lichtelektrische Registrierung von Spektrogrammen wurden die auftretenden Fehler von K. Pflug [4] diskutiert und bei vorgegebener Genauigkeitsforderung und Zeitkonstante die minimale Registriergeschwindigkeit bestimmt. Auf diese Ergebnisse wird im folgenden zurückgegriffen.

Wie für die unverzerrte Linienkontur nehmen auch wir für die wahre, lediglich durch Richtungsszintillation verschmierte Intensitätsverteilung eines Sternes in der Brennebene eine Gauß-Funktion

$$\varphi(x) = \frac{1}{\sigma\sqrt{2\pi}} e^{-x^2/2\sigma^2} \tag{43}$$

an. Es wird jetzt die Verzerrung dieser Verteilung bei der Registrierung einmal mit einem Verstärker mit RC-Eingang und zum anderen mit einem Spiegelgalvanometer im aperiodischen Grenzfall ohne Berücksichtigung der Spaltbreite bestimmt. Fordern wir, daß die Abweichung der verzerrten Intensitätsverteilung nicht größer als 1 % der wahren Verteilung sein soll, so werden die hieraus resultierenden Fehler in $\Delta m$ noch gut unter den durch Photonen- bzw. Richtungsszintillationsrauschen verursachten liegen, wie ein Vergleich mit Abschnitt II sofort zeigt. Mit dieser Genauigkeitsforderung erhält nun Pflug als Bedingung für die maximale Registriergeschwindigkeit v

a) bei Verstärkung mit RC-Eingang

$$\frac{\sigma\sqrt{2}}{\tau \cdot v} > 10 \tag{44}$$

b) bei einem Spiegelgalvanometer im aperiod. Grenzfall

$$\frac{\sigma\sqrt{2}}{\tau \cdot v} > 8 \tag{45}$$

Schwankungen der Extinktion und der Szintillation, sowie Ungenauigkeiten bei der Nachführung des Instrumentes fordern ein möglichstes Kurzhalten der Registrierdauer, also eine große Registriergeschwindigkeit. Die Ungleichungen (44) und (45) geben nun einen Zusammenhang zwischen Registriergeschwindigkeit und Zeitkonstante des Meßinstrumentes. Wegen der Zunahme des Photonenrauschens bei Verkleinerung der Zeitkonstanten und aus bei Beobachtungen gesammelten Erfahrungen halte ich eine Zeitkonstante von ca 3 sec bis bestenfalls 1 sec für den günstigsten Wert, so daß man für die größte noch zulässige Registriergeschwindigkeit

a) bei RC-Glied: $5\overset{''}{.}6$/min, bzw. 17"/min
b) bei Galvanometer: $7\overset{''}{.}0$/min, bzw. 21"/min

und damit Registrierzeiten für enge Doppelsterne ( < 5") von ca 2 Minuten bei $\tau_0 = 3$ sec und weniger als eine Minute bei $\tau_0 = 1$ sec erhält.

## IV. Auswertung der Beobachtungen

Für die Durchführung von Beobachtungen wurde ein Photometer entwickelt, das am 30 cm-Refraktor der Sternwarte Babelsberg erprobt werden sollte. Die Messungen wurden mit einem SEV vom Typ RCA 931 A in Verbindung mit einem GG 14-Farbfilter durchgeführt und mit einem Ruhstrat-Spiegelgalvanometer mit einer Zeitkonstanten $\tau_0 = 23$ sec registriert. Bei den Beobachtungen am 65 cm-Refraktor erfolgte die Registrierung mit Verstärker und Philips-Schreiber. Als Meßblende diente ein 40" Diaphragma, dessen eine Hälfte von einer Schneide abgedeckt wurde. Das Hinüberbewegen des Doppelsternbildes über die Schneide erfolgte durch Kippung einer planparallelen Glasplatte. Die dadurch verursachten Fehler wurden im einzelnen abgeschätzt und können bei der geforderten Genauigkeit vernachlässigt werden.

Die 1960/61 am 30 cm-Refraktor durchgeführten Beobachtungen konnten wegen der nicht den Anforderungen genügenden Nachführung des Instrumentes nicht ausgewertet werden. Freundlicherweise stellten die Herren H. Pauscher und K.H. Hintze den 65 cm-Refraktor für einige Nächte zur Verfügung. Die Registrierungen vom 29., 30. Juni und 1. Juli 1961 konnten ausgewertet werden.

Aus den vorhandenen Einzelsternbeobachtungen wurde zuerst nach dem durch Abb. 3 beschriebenen Verfahren die Dispersion $\sigma$ der entsprechenden Gaußfunktion ermittelt. Es ergab sich, daß die so gefundenen Gaußfunktionen mit den durch Probieren ermittelten gut übereinstimmen. Das vorhandene Material reichte jedoch nicht aus, um die Konstanz von $\sigma$ über mehrere Registrierungen hinweg sicher nachzuweisen. Zumindest zeigte sich aber eine gute Korrelation des visuell beurteilten Luftzustandes mit der Dispersion.

Allen Registrierungen ist eine Verbreiterung der Flügel gegenüber einer im Mittelteil übereinstimmenden Gaußfunktion gemeinsam. Es wurde daher der Versuch unternommen, die Registrierung als Überlagerung einer durch Richtungsszintillation verursachten verhältnismäßig steilen und einer durch das atmosphärische Streulicht verursachten flacheren Gaußfunktion darzustellen. Das atmosphärische Streulicht wird zwar sicher keiner Gaußfunktion, sondern eher einer Besselfunktion folgen, doch ergab die Rechnung, daß die Differenz klein gegen die Unsicherheit der Streulichtkurve ist. Diese Kurve wurde aus den äußersten Flanken der Registrierung konstruiert, wobei angenommen wurde, daß die hier registrierte Intensität nur noch auf Streulicht zurückzuführen sei. Es wurde für alle Registrierungen die gleiche Dispersion und gleiche relative Intensität angenommen. Die nach Abzug dieser Kurve von der ursprünglichen Registrierung verbleibende Verteilung zeigt eine enge Korrelation mit dem Luftzustand und paßt sich besser einer Gaußfunktion an. Jedoch verbleibt auch hier ein Rest derart, daß die gewonnene Kurve in den Flügeln eine positive Abweichung von einer Gaußfunktion zeigt. Da ja deren Dispersion $\sigma$ sowieso noch weit größer als die im Mittel für die Richtungsszintillation angenommene Dispersion von $0\overset{''}{.}4$ ist [siehe auch Seite 13], kann man vermuten, daß das Platzen und Verblasen der Bilder hier einen Einfluß ausübt. Wahrschein- in dem Sinne, daß die Dispersion der Richtungsszintillationsverteilung für die verschiedenen Nächte gar nicht so stark differiert, sondern die oft erheblichen Änderungen des Luftzustandes in weit stärkerem Maße das Verblasen und Platzen der Bilder beeinflussen. Eine Möglichkeit, darüber genauere Aussagen zu gewinnen, bestände vielleicht in der Untersuchung von Strichspuren von Sternen, wie sie von Siedentopf und Elsässer [5] zur Bestimmung des Richtungsszintillationsspektrums aufgenommen wurden, in Bezug auf die Strichbreite. Bei sehr empfindlichem Photomaterial könnte sich die Variation des Verblasens als Änderung der Strichbreite bemerkbar machen; die Änderung derselben durch die Helligkeitsszintillation dürfte weit geringer sein. Ein anderer Weg wäre, neben der Schneidenregistrierung herlaufende Messungen der Richtungsszintillation durchzuführen, aus diesen Strichspuren deren Dispersion zu ermitteln und damit die registrierte Verteilung zu entzerren, mit dem Ziel, die Verteilungsfunktion des Verblasens zu gewinnen.

Von Interesse wäre sicher auch eine gründliche Untersuchung des Streulichtanteils. Registrierungen des Intensitätsverlaufes bis in die äußersten Flügel (ca 20 Bogensekunden) würden sicher wesentliche Aussagen über den bisher kaum untersuchten Bereich der Streuung um sehr kleine Winkel ergeben.

Um die in Abschnitt II,B beschriebene Auswertung zur Bestimmung der Helligkeitsdifferenzen vornehmen zu können, wurde zur Anpassung von Einzel- und Doppelsternregistrierung in der Meßblende ein Spinnfaden angebracht, auf den der Einzelstern bzw. eine Komponente des Doppelsterns eingestellt werden konnte.
Es war klar, daß dieser Faden eine Abschattung verursachen und damit das photometrische Ergebnis beeinflussen würde. Andererseits sollten die durch den Faden erzeugten Minima zur Anpassung der Registrierungen herangezogen werden. Um die Abschattung auszugleichen, wurden bei Einzelsternen die unteren, nicht vom Faden beeinflußten Hälften gespiegelt, während bei Doppelsternen frei Hand ergänzt wurde. Da der Faden genügend weit von der Schneide entfernt war, so daß die Abschattung im oberen noch ziemlich flach verlaufenden Teil der Registrierung erfolgte, war die Ergänzung verhältnismäßig leicht möglich. Die Methode erhebt keinen Anspruch auf größte Exaktheit, sie war vielmehr als Versuch gedacht zu prüfen, wie die Schwierigkeiten der Anpassung zu überwinden sind.

Die so korrigierten Registrierungen von Einzel- und Doppelstern wurden nun entsprechend den Forderungen von Abschnitt II,B

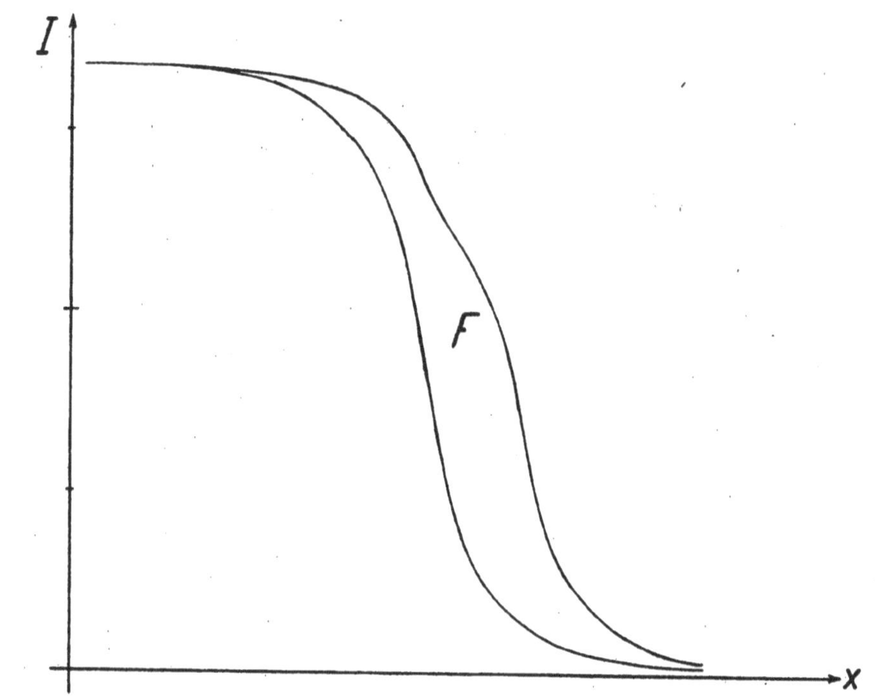


Abb. 7 a)
Anpassung von Einzel- u. Doppelstern

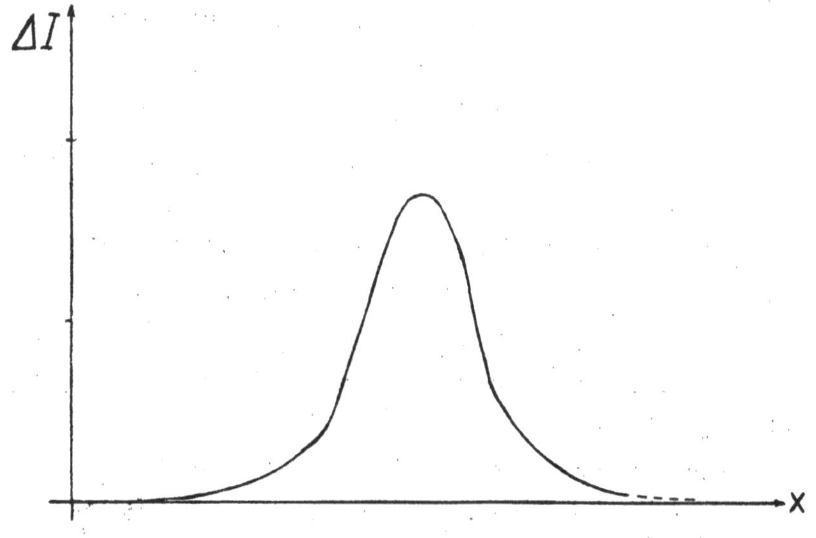


Abb. 7 b)
Δ I(x)-Kurve

angepaßt, die Differenzen für ein hinreichend großes Intervall gebildet und graphisch dargestellt (Abb. 7). Nach Gl.(15) wurde das Integral der Differenzenkurve $\Delta I(x)$ über x durch Auszählen auf Millimeterpapier bestimmt und nach Division durch die mit dem Skalenwert in Millimeter umgerechnete Distanz d die Intensität der Komponente A bzw. B berechnet.

In allen drei Nächten wurde der Doppelstern $\varepsilon_1$ Lyrae gemessen, der bei einer Distanz $d = 2''.85$ schon zu den interessanten engeren Paaren zu rechnen ist. Es wurden folgende Ergebnisse erhalten:

| | |
|---|---|
| Juni 29 | $0^m.90$ |
| | 0.90 |
| Juni 30 | 1.28 |
| | 1.34 |
| Juli 1 | 1.08 |
| | 0.99 |
| Mittel | $1^m.08$ |

Mittlerer Fehler einer Einzelmessung: $\pm\ 0^m.185$ (theoretischer Wert $\pm$ 0.17)

Mittlerer Fehler des Mittels: $\pm$ 0.075

Die von Wallenquist [1] angegebene Helligkeitsdifferenz ist $\Delta m = 1.10 \pm 0.03$. Dieser Wert ist ein Mittel aus visuellen Messungen verschiedener Autoren. Da der Spektraltyp beider Komponenten von $\varepsilon_1$ Lyr gleich ist (A 3), kann ein Unterschied in der isophoten Wellenlänge der Babelsberger Messungen und des Wallenquistschen Mittelwertes kaum zu Fehlern führen.

Die kurze Zeit, in der der 65 cm-Refraktor zur Verfügung stand, und das sehr schlechte Wetter gestatteten leider nicht die Messung von weiteren Doppelsternen. Die gute Übereinstimmung des gemessenen $\Delta m$ und des von Wallenquist angegebenen darf natürlich nicht überschätzt werden, sollte jedoch zu der Hoffnung Anlaß geben, daß bei einer Verbesserung des Photometers die angewandte Methode zu brauchbaren Ergebnissen führen kann.

Aus den theoretischen Untersuchungen und den Beobachtungserfahrungen ergeben sich einige Hinweise für die Konstruktion eines verbesserten Photometers.

1. Zur Verringerung des instrumentellen Streulichts empfiehlt es sich,

   a) die planparallele Glasplatte aus dem Strahlengang zu entfernen und statt dessen Spalt oder Schneide mechanisch zu verschieben,

   b) die Filter nicht vor der Brennebene, sondern zwischen Brennebene und SEV anzubringen.

2. Zum Zwecke der Anpassung von Einzel- und Doppelsternregistrierung bzw. zur Bestimmung der Lage der Maxima ist es notwendig, eine Möglichkeit zur Pointierung eines Sternes zu schaffen. Ähnlich dem Repsoldschen unpersönlichen Mikrometer könnte mit dem Stern visuell und von Hand ein Faden mitbewegt werden, der beim Passieren von festen Fäden Kontakte berührt, so daß auf die Registrierung Markierungen gegeben werden. Aus dem Mittel mehrerer Fäden ließe sich verhältnismäßig genau angeben, wann der Stern sich in einer bestimmten Entfernung von der Meßblende befand, und mit der bekannten Registriergeschwindigkeit eine genaue Anpassung durchführen bzw. die Lage der Maxima angeben.

3. Am betriebsfähigen Photometer sollte die Spaltbreite variiert und der Spalt durch eine Schneide ersetzt werden können.

4. Zur Anpassung an die jeweilige Zeitkonstante sollte die Registriergeschwindigkeit verändert werden können. Die Registrierungen sollten so schnell wie möglich durchgeführt werden (siehe Abschnitt III).

Es ist anzunehmen, daß mit diesen Verbesserungen unter guten Beobachtungsbedingungen die lichtelektrische Photometrie von engen Doppelsternen bis zu Distanzen von 2" mit der visuellen Photometrie konkurrieren kann bzw. sie bei zunehmenden Distanzen schnell übertrifft.

Die Arbeit wurde als Diplomarbeit auf Anregung von Herrn Prof. Dr. J. Dick an der Sternwarte Babelsberg, deren damaligem Direktor, Herrn Prof. Dr. A. Kahrstedt, ich zu großem Dank verpflichtet bin, durchgeführt. Herrn Prof. Dr. J. Wempe habe ich für sein ständiges förderndes Interesse an meiner Arbeit zu danken. Bei der Durchführung der Beobachtungen am 65 cm-Refraktor unterstützte mich in dankenswerter Weise Herr Dipl.-Astr. P. Notni und stellte mir seine Registriereinrichtung für diese Zeit zur Verfügung.

## Literatur

[1] Wallenquist, A., A general catalogue of differences in magnitudes of double stars, Uppsala Astr.Obs. Annaler, Bd.4, Nr.2 (1954).

[2] Güssow, K., Untersuchungen zur lichtelektrischen Photometrie, Wiss.Z. d. Univ. Jena 6, 173 (1957).

[3] Elsässer, H., Die Szintillation der Sterne, Naturwiss. 47, 6 (1960) = Mitt.Astron. Inst. Univ. Tübingen Nr. 40.

[4] Pflug, K., Über Verzerrungsfehler bei der lichtelektrischen Registrierung von Spektrogrammen, Astron.Nachr. 286, 49 (1961) = Mitt. Astrophys.Obs. Potsdam Nr. 92.

[5] Siedentopf, H., und Elsässer, H. Szintillationsuntersuchungen am Jungfraujoch, Z.f.Astrophysik 35, 21 (1954) = Mitt. Astron.Inst. Univ. Tübingen Nr. 14.

FSC
www.fsc.org
MIX
Papier | Fördert gute Waldnutzung
FSC® C083411

Kolibri 360 GmbH
Ferdinand-Jühlke-Straße 7
99095 Erfurt, Deutschland
produktsicherheit@kolibri360.de